听专家田间讲课

CHAYUAN
FANGZAI JIANZAI
SHIYONG JISHU

茶园
防灾减灾实用技术

颜　鹏　主编

中国农业出版社

北　京

编写人员

主　编：颜　鹏
编　委：韩文炎　李　鑫　张丽平

保障国家粮食安全和实现农业现代化，最终还是要靠农民掌握科学技术的能力和水平。为了提高我国农民的科技水平和生产技能，向农民讲解最基本、最实用、最可操作、最适合农民文化程度、最易于农民掌握的种植业科学知识和技术方法，解决农民在生产中遇到的技术难题，中国农业出版社编辑出版了这套"听专家田间讲课"丛书。

把课堂从教室搬到田间，不是我们的最终目的，我们只是想架起专家与农民之间知识和技术传播的桥梁；也许明天会有越来越多的我们的读者走进校园，在教室里聆听教授讲课，接受更系统、更专业的农业生产知识与技术，但是"田间课堂"所讲授的内容，可能会给读者留下些许有用的启示。因为，她更像是一张张贴在村口和地头的明白纸，让你一看就懂，一学就会。

本套丛书选取粮食作物、经济作物、蔬菜和果树等作物种类，一本书讲解一种作物或一种技能。作者站在生产者的角度，结合自己教学、培训和技术推广的实践

经验，一方面针对农业生产的现实意义介绍高产栽培方法和标准化生产技术，另一方面考虑到农民种田收入不高的实际问题，提出提高生产效益的有效方法。同时，为了便于读者阅读和掌握书中讲解的内容，我们采取了两种出版形式，一种是图文对照的彩图版图书，另一种是以文字为主、插图为辅的袖珍版口袋书，力求满足从事农业生产和一线技术推广的广大从业者多方面的需求。

期待更多的农民朋友走进我们的田间课堂。

2016年6月

目　录

出版说明

第一章　绪论 ……………………………………………… 1

第二章　茶园低温冻害及其防治 ……………………… 3

一、低温冻害总体发生与危害情况 ………………… 3

二、茶园冻害的主要类型 …………………………… 5

三、茶园低温冻害的危害症状 ……………………… 8

四、茶园冻害程度分级 ……………………………… 9

五、影响茶树冻害发生及危害程度的主要因素 …… 11

六、茶园冻害的预防措施 …………………………… 13

七、茶园冻害发生后的补救措施 …………………… 28

第三章　茶园高温干旱及其防治 ……………………… 31

一、高温干旱灾害发生的总体情况 ………………… 31

二、高温干旱危害的症状 …………………………… 33

三、高温干旱灾害发生的原因及其影响因素 ……… 36

四、高温干旱预防措施 ……………………………… 40

五、高温旱灾后的恢复措施 ················ 44

第四章 茶树洪涝灾害及其防治 ·········· 45

一、茶园水土保持 ················ 46

二、茶树湿害 ················ 52

第五章 茶树风、雹害及其防治 ·········· 59

一、风害 ················ 59

二、雹害 ················ 64

主要参考文献 ················ 67

第一章
绪　　论

　　我国是茶树的原产地，也是世界上最早发现和利用茶叶的国家。茶叶在增加我国国民经济收入和帮助农民脱贫致富方面发挥着重要作用。由于茶树具有较好的经济效益，目前我国茶树种植面积和采摘面积不断增加。尤其是随着茶树育种和栽培等技术的不断发展，茶树种植区域不断向高纬度和高海拔等地区扩展。截止到2015年，全国茶树种植面积达到287.7万公顷，茶叶产量达到227.8万吨，其中出口量为32.5万吨。

　　但是随着全球气候变化，尤其是高温干旱和低温冻害等极端气候频发，其危害程度越来越严重，这对我国茶叶生产造成严重影响。根据气象灾害形成原因分析，当前茶园生产面临的主要气象灾害可以分为：低温冻害、高温干旱、洪涝灾害、风害和雹害等。低温冻害主要发生在冬季出现强寒流造成大幅度降温和降雪，以及在初春茶树春芽萌芽时期出现的降温和晚霜冻害等气候条件下。高温干旱一般两者同时发生，出现在夏季高温少雨的气候条件下。洪涝灾害主要发生在降水量大而且集中的地区，导致茶园水土流失；地势低洼、土质黏重且排水不良或者地下水位过高的茶园容易引发湿害。风害主要发生在沿海和高海拔风口处的茶园。

其中在高温干旱季节发生干热风，造成旱热交加，危害极为严重，而在寒冷的冬季和初春出现的强力寒风则会加重茶树冻害。在肯尼亚高海拔茶园常出现雹害，造成嫩梢叶碎茎破，减产可达30%以上。但在我国茶园冰雹发生比较少，危害不严重。气象灾害轻者影响当年茶叶产量和品质，重者会造成数年的茶叶减产，甚至会造成茶树死亡。

其中低温冻害和高温干旱是我国茶园所面临的两种主要的气象灾害。以浙江省为例，自2005年以来，除2009年外其余10年春茶均遭遇了春霜冻危害，其中2010年经济损失高达10亿元；2013年盛夏罕见的高温热害使浙江省茶叶生产遭受17亿元的经济损失。另外，我国茶树种植区域广泛，各地茶园气候条件和生态环境各不相同，在茶园气象灾害发生规律上既有普遍性，又具有区域分布上的特殊性。因此，科学合理地开展茶叶气候资源特征分析，充分认识各地茶叶生产特点以及茶区农业气候资源的演变规律，研究茶园各种气象灾害的发生规律、科学的预测预报方法、灾害发生前有效的预防办法和灾害发生后适宜的补救措施，对于指导茶叶生产，降低气象灾害对茶园产量、茶叶品质和茶农经济收入的影响具有重要意义。

第二章
茶园低温冻害及其防治

一、低温冻害总体发生与危害情况

冻害是指低空温度或者土壤温度短时期降低至0℃以下，使茶树遭受伤害，影响茶树生长和茶叶品质。茶树遭受冻害后，往往生理机能受到影响，产量严重下降，成叶边缘变褐，叶片呈现出紫褐色，嫩叶出现"麻点"或者"麻头"等。

一般来讲，当前茶叶生产中主要是面临越冬期的低温冻害和萌芽期的低温冻害（图2-1）。俗话说"种茶要成功，关键在防冻"，可见低温冻害对茶树的危害极大。根据茶树种植区域，在我国江北茶区（主要是山东、河南等地）同时面临越冬期和萌芽期的低温冻害，尤其是作为我国纬度最高的茶区的山东茶区。自1966年"南茶北引"成功以来，山东茶区曾遭受三级以上冻害10次，历次冻害面积均占50％以上，春茶减产30％以上。其中，2010年冬季大冻害造成翌年春茶减产高达70％以上，造成严重的经济损失。

在江南茶区主要容易遭受萌芽期的低温冻害，其中尤其以"倒春寒"的危害频次和程度最为严重。以浙江茶区为例，自2003

年以来几乎每年都会遭受不同程度的晚霜冻害，茶农常常戏称的
"冻害年年有，三年一大冻"即通常所说的"倒春寒"。其一旦发
生就会造成萌动新梢全部或者部分受冻，对名优茶的生产造成极
为严重的影响。据统计，浙江省每年因为"倒春寒"的危害造成
春茶减产高达10%～20%。2010年3月8～10日，浙江省发生历
史罕见的低温天气，造成全省半数以上的茶园遭受"倒春寒"危
害，发芽特早的乌牛早和平阳特早等品种春梢几乎全部冻死，造
成全省经济损失高达10亿元。

因此，针对于不同茶区的气候和地理条件，明确茶园冻害的
发生特点和规律，掌握茶园冻害预防和补救等生产管理措施，对
于降低茶园冻害危害，提高茶园经济效益具有重要意义。

图2-1 茶园遭受低温冻害

（颜鹏提供，2016）

二、茶园冻害的主要类型

茶园常见的冻害主要有冰冻、风冻、雪冻和霜冻四种。其中从茶园所处地理位置上来讲，一般长江以南茶区以霜冻和雪冻为主，而长江以北茶区以上四种冻害均有发生。

1. 冰冻

一般茶树在越冬期雪后遇到持续低温阴雨和大地结冰的天气条件下，茶园往往遭受冰冻危害，茶农称之为"小雨冻"（图2-2）。当茶树处于0℃以下的低温时，细胞组织内会出现冰核而受冻。当温度低于零下5℃时，叶片细胞开始结冰，若再加上空气干燥和土壤结冰，土壤中的水分移动和上升受阻，叶片由于蒸腾失水过多而出现寒害，茶树叶片呈赤枯状，造成冻害。开始时，树冠上的嫩叶和新梢顶端容易发生危害，在受害1～2天后叶片变为赤褐色。

另外，晴天夜晚的低温也会造成土壤冰冻。一方面土壤中的

图2-2　茶园遭受冰冻危害

水分移动和上升受到阻碍，叶片由于蒸腾失水过多而出现冻害；另一方面，冻土层的水分形成柱状冰晶，冻胀表土，造成将幼苗连根抬起的情况。温度升高地表解冻后往往出现茶苗根部松动，容易倒伏伤根，导致定植苗根系损伤甚至死亡。因此，在可能发生冻土的茶区不宜在秋季移植。

2. 风冻

生产中常有"茶树不怕冻就怕风"之说。一般在强大寒潮的袭击下，气温急剧下降产生骤冷。加上4级以上的干冷西北风，使茶树体内水分蒸发迅速，茶树叶片严重失水，造成严重的风冻危害。受冻茶树叶片最初呈青白色而干枯，继而变为黄褐色并脱落，有的茶树甚至出现枝干干枯开裂（图2-3）。茶农通常称此为"乌风冻"。

图2-3　茶园遭受风冻危害
（韩文炎提供，2016）

3. 雪冻

发生降雪的天气下，大雪纷飞导致树冠出现积雪压枝情况，而树冠上积雪过厚可能会造成茶树枝条断裂的情况发生（图2-4）。

在雪后融化的过程中，融雪会从树体和土壤中吸收一部分热量，如果再遭遇低温天气，可能会造成茶树叶面和地面同时结冰的情况；或者是昼化夜冻的情况，形成覆雪—融化—结冰—解冻—再结冰的雪冻灾害。在这种骤冷骤热、一冻一化（或者昼化夜冻）的情况下，茶树树冠面的叶片和枝梢，尤其是向阳面的叶片和枝梢会发生冻害。

图2-4　茶园遭受雪冻危害
（颜鹏提供，2016）

4. 霜冻

在日平均气温为0℃以上的时期，夜间地面或者茶树植株表面的温度急剧下降到0℃以下，叶面上结霜，或者虽然没有结霜但是也引起茶树受害或者局部死亡，称之为霜冻（图2-5）。通常霜冻有"白霜"和"黑霜"之分。在气温降到0℃左右，近地面空气层中的水汽在物体表面凝结成一种白色小冰晶，称之为"白霜"；有时由于空气中水汽不足，未能形成"白霜"，这样的低温造成的冷冻现象叫做"暗霜"或者"黑霜"。这种无形的"黑霜"会破坏茶树细胞组织，其危害往往比"白霜"严重。因此，有霜冻不一定见到霜。

另外，根据霜冻出现时期，

图2-5　茶园遭受霜冻危害
（颜鹏提供，2016）

可以分为初霜和晚霜，一般晚霜危害程度要大于初霜。通常在长江中下游茶区一带，晚霜多出现在3月中下旬。这时候茶芽开始萌发，外界气温骤降至低于茶芽生长发育所需的最低温度时，茶树嫩梢组织内产生的冰晶导致生理生化过程受阻，轻则会造成生长停止，在新芽上产生麻点，后发新梢稀瘦，产量和优质茶比重大幅度降低，重则新叶焦枯，新芽褐变。

三、茶园低温冻害的危害症状

茶树不同器官的抗寒能力是不同的，就叶、茎和根三个器官而言，其抗寒能力是依次增强的。茶树受冻过程往往是顶部枝叶（生长活跃部位）首先受害。幼叶受冻通常是自叶尖和叶缘开始，逐渐蔓延至中部。成熟叶片受冻后表现为叶片失去光泽，通常卷缩、焦枯，一碰就掉，一捻就碎。雨天吸水后，由卷缩变为伸展，叶片吸水成肿胀状。进一步发展到茎部后，枝梢干枯，幼苗主干

图2-6　茶园幼芽遭受低温冻害危害症状
（韩文炎提供，2016）

基部树皮开裂。通常只有在极端严寒的天气下才会发生根部受害死亡。

　　春季茶树幼芽萌动后遭受低温冻害，会导致幼芽生长停滞，甚至枯死。受冻茶芽颜色变暗，不仅影响茶芽品相，更会影响茶叶品质（图2-6，图2-7）。

图2-7　茶园遭受与未遭受低温冻害幼芽比较
（颜鹏提供，2016）

四、茶园冻害程度分级

　　茶树受冻害的程度受到降温幅度和速度、低温持续时间、风力强弱、空气湿度大小和地理条件等多方面因素的影响。温度越低、降温幅度越大、降温速度越快、低温持续时间越长、风力强劲、空气和土壤干燥的情况下茶园冻害越严重。另外，高海拔、高纬度、北坡、有回头风的茶园冻害发生更严重，而且洼地茶园

更容易遭受严重的霜害。

茶园冻害程度按照冻害症状的轻重可分为五级：

一级冻害：茶树树冠枝梢和叶片边缘出现黄褐色或者红色并略有损伤，通常受害植株面积在20%以下。

二级冻害：树冠枝梢大部分遭受冻害，成熟叶片受害呈赭红色，顶芽和上部腋芽变成暗褐色，通常受害植株面积在20%~50%。

三级冻害：部分叶片呈水渍状，失去光泽呈淡绿色，天气放晴后叶片卷缩干枯并且相继脱落。枝梢受冻后出现变色情况，上部枝梢出现干枯并向下发展，通常受害植株面积在50%~75%。

图2-8　茶园遭受低温冻害不同危害程度症状

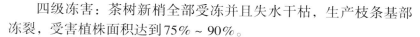

四级冻害：茶树新梢全部受冻并且失水干枯，生产枝条基部冻裂，受害植株面积达到75%～90%。

五级冻害：骨干枝以及树皮冻裂，形成层遭受破坏后树液外流，叶片全部枯萎凋落，根系变黑并腐烂，植株枯死，受害植株面积超过90%。

下面是一些不同冻害程度的照片，可供参考（图2-8）。

五、影响茶树冻害发生及危害程度的主要因素

不同茶树种植品种、树龄、种植密度和管理水平，以及茶园地势、地形、坡向、海拔高度和气候条件等综合因素共同影响茶树受冻程度。

（1）不同茶树品种在抗寒能力方面差异很大。萌芽期早的茶树品种往往更容易遭受冻害。中小叶种茶树抗寒能力较强，在低温持续时间不长的情况下，能够耐受零下15℃的低温，而大叶种在抗寒能力较弱，在零下5℃的低温下就会出现受冻情况。对我国南北方茶区的茶树品种抗寒性研究发现，北部茶区茶树品种具有叶片小、叶色深、叶肉厚、保护组织发达的特点，因而抗冻能力强，不易受冻；而南部茶区茶树品种具有叶片大、叶色浅、叶肉薄、保护组织不发达的特点，因而抗冻能力差，易遭受低温冻害。另外，茶树抗冻性也会随着环境变化而变化，山东茶园经过30多年的种植和抗冻锻炼，与抗寒性弱的茶树叶片相比，抗寒性强的茶树叶片结构发生明显变化，叶片内部各结构有明显的增厚现象。其栅栏组织和海绵组织厚度均显著增加30%以上，而且海绵组织的密度增加2倍以上，因而具有更强的抗寒能力，更适应当地的气候条件。

（2）不同树龄茶树在抗寒能力方面差异很大。随着树龄的增加，茶树抗寒能力是不断增强的，成龄茶园的壮年茶树比幼龄茶园的幼龄茶苗抗性强。但是后期老茶园随着茶树不断衰老，其抗寒能力也不断下降。

（3）茶树遭受冻害危害程度受茶园不同管理水平的影响。一

般种植密度大的比种植密度小的受害程度轻，管理水平高的比管理水平低的受害程度轻。

（4）茶树受冻程度受地理条件的影响。寒流侵袭时一般会伴有大风，此时茶园迎风面（通常是北坡茶园）受冻更严重。地势低洼、地形闭塞的小盆地、洼地等，冷空气容易沉积，茶树受冻更严重（图2-9）。山顶由于直接受到寒风吹袭，往往茶树受冻严重，而山坡地中部空气流动通畅，茶树受冻较轻。另外，我国地处北半球，北坡接受太阳辐射少，又直接受西北风影响，因此与南坡茶园相比，北坡茶园更容易受冻，而且受冻程度也更严重（图2-10）。但是东坡与东南坡茶园在春季往往更容易遭受"倒春寒"的危害。这主要是由于早春太阳直射东坡和东南坡，气温升高快，茶树生理活动加强，新芽萌发早，这时出现低温寒潮，茶树更容易受害。另外，土壤性状也会影响茶园冻害程度。一般土

图2-9　位于山涧低洼处茶园容易遭受霜冻危害
（韩文炎提供，2016）

图2-10　位于北坡风口容易严～
（韩文炎提供，2016）

壤干燥疏松的茶园白天升温快，夜间降温也快，比土壤潮湿的茶园受冻害程度严重。

六、茶园冻害的预防措施

根据前面所述，茶园遭受冻害的程度受到地理条件、茶树品种等方面的影响，因此，在新建茶园时要充分考虑地理气候环境和茶树品种选择等因素的影响。对于已建成的茶园，则主要是在原来的基础上改善各方面的环境，通过合理的防护技术来降低寒害和冻害对茶园生产的影响。

1. 新建茶园冻害预防措施

（1）选择合适的茶园位置。在茶园寒冻害发生频繁和严重的地方，茶园选址时要充分考虑有利于茶树越冬的环境条件。茶园应尽量设置在朝南、背风和向阳的山坡上。孤山独峰容易出现风害，冬季气温低，对茶树越冬不利。俗话讲"雪打山梁霜打洼"，因为山顶一般风大土干，山脚夜冷霜大，因此茶园最好建在山腰地方。山地茶园最好依坡而建，因为坡地温度一般比平地高2℃左右，而谷地温度一般比平地要低2℃左右，因此谷地茶园两旁应当尽量保留原有的树木植被。在易受冻害的地带，最好布置成宽幅带状茶园，使茶园与原有林带或者人工防风林带相间而植，并且要注意林带方向应当垂直于冬季寒风的方向，以减少寒风的危害。

（2）选用抗寒性强的优良品种。目前来讲，绝对抗冻品种是没有的，特别是春季新梢萌动后遭遇低温时，几乎所有品种都会遭受冻害。但是生产实际中也发现不同品种之间在抗寒冻方面具有一些差异。一般来讲，我国南部茶区栽培的大叶种茶树抗寒能力比较弱，而北部茶区栽培的中小叶种茶树抗寒能力比较强。即便同是中小叶种，品种间抗寒能力差别也比较大。发芽迟的品种抗性比发芽早的品种强，群体种比无性系品种强，茸毛多的品种比茸毛少的品种强，叶片厚、叶色深的品种比叶片薄、叶色浅的品种强等。一般来讲，高寒地区引种应当选择从纬度较北或者海拔较高的地方引种。

（3）注重品种间的合理搭配。对于一个茶场来说，选择发芽时间不同的品种（特早生、早生、中晚生品种）进行合理搭配种植，能够降低晚霜冻害等造成的经济损失。不同品种合理搭配，可有效避免种植单一品种导致全军覆没、无茶可采的局面。另外，发芽迟早品种合理搭配，还能缓解采摘"洪峰"，有利于劳动力和机械设备的合理安排。关于合理搭配的比例，对于一个面积较大的茶场来讲，可以选择4～6个品种。其中特早生品种占50%，早生和中生品种占40%，另外10%种植晚生品种。而对于面积比较小的个体农户来讲，一般种植2～3个品种即可。其中特早生和早生品种70%，中晚生品种30%左右。对于极易遭受晚霜冻害的高山或者北方茶区，不应当种植特早生品种。

（4）施足底肥，提高土壤质量。茶树抗寒能力受到土壤条件的影响，因此茶园种植前深翻施足底肥，改良土壤，提高土壤肥力，有利于提高地温，培育健壮树势。底肥应当以有机肥为主，适当配施磷肥。通常亩施商品有机肥1～2吨，磷肥100～200千克。

（5）合理培养茶树树冠，提高抗性。对于幼龄茶树，应定型修剪和多留少采，尽快培养树冠（图2-11）。对于高山茶园和高纬度茶园，可适当提高种植密度、降低树冠高度，留叶时期应在春茶或夏茶初，这样这些叶子过冬时已成熟，抵抗低温冻害能力强，利于茶树安全过冬。如果秋茶后期留叶，因过冬时叶质柔嫩，极易遭冻害。

图2-11　茶园深修剪

（6）营造防护林带。在新建茶园时要有意识地保留原有部分树木，绿化道路，营造防护林带，以便阻挡寒流袭击并扩大背风面，改善茶园小气候（图2-12）。一般以防护林带的有效防风范围为林木高度的15～20倍来建设。茶园四周和主要道路两侧种树，改造茶园生态环境，提高对不同环境的适应能力。

图2-12　茶园营造防护林带

（韩文炎提供，2016）

2. 成龄茶园冻害预防通用措施

对于已经建成的茶园，要合理运用各项茶园管理技术，促进茶树健壮生长，提高茶树抗寒能力，并且在寒冻害发生时及时合理运用各种防冻管理措施，降低和控制冻害对茶园生产的影响。对于不同茶区以及不同的冻害种类，其预防措施也不尽相同，在此我们首先介绍几项普遍适用的预防管理措施。

（1）深耕培土。通过合理的耕作措施改善土壤结构，降低土壤压实程度可以促进茶树根系生长，尤其是向土壤下层生长，从而提高抗寒抗冻能力（图2-13，图2-14）。培土不仅可以提高土壤温度，而且有利于减少土壤蒸发，提高土壤含水量，从而提高茶树抵抗寒冻害的能力。在深耕的同时，将茶树四周的泥土向茶树根茎部适当培土也有利于提高抗冻能力。

图2-13 茶园人工耕作培土
（颜鹏提供，2016）

图2-14 茶园机械化耕作培土
（颜鹏提供，2016）

（2）茶园施肥管理。通过合理的茶园施肥管理，一方面保证茶树生长所需的养分和水分，促进茶树健壮生长，可以提高茶树抵抗寒冻害的能力；另一方面，通过合理的施肥，尤其是增加有机肥的施用，能够改善土壤质量，提高土壤温度，从而提高茶树抗寒冻害的能力。

茶园施肥要注意施肥时期、肥料配比等方面。一般要做到"早施重施基肥，前促后控分次追肥"。基肥一般应当以有机肥为主，适当配合施用磷、钾肥，并且做到早施和深施。在高纬度和高海拔的地区，深秋和初冬气温下降快，茶树地上部和地下部的生长停止期要比一般的茶区早，应当稍早提前施用基肥。如果施肥时间过晚，施肥过程中造成的断伤根系在当年难以恢复生长，就会加重茶树寒冻害。

（3）冬季覆盖。茶园覆盖是预防茶树遭受寒冻害的最有效手段（图2-15，图2-16），研究发现，晴天铺草茶园冬季低温比不铺

图2-15　茶园铺草和作间绿肥

图2-16　山地茶园铺杂草

草可提高2~4℃。此外，覆盖可增加茶园空气湿度5%~10%，减轻冻土程度和深度，保持土壤水分。覆盖同时具有防风和保温的效果，防风的作用在于控制落叶，抑制蒸发。一般包括土壤表层覆盖和茶树蓬面覆盖。茶园地表铺草覆盖一般能够提高1~2℃的地温，降低冻土层深度，保护茶树根系不至于因为冻害而死掉，从而减轻寒冻害危害。对于北方或高山特别寒冷的茶园，提倡茶树蓬面覆盖，以提高蓬面温度，同时降低干寒风侵袭所造成的过度蒸腾。茶园蓬面盖草一般在"小雪"前后，可选择稻草、杂草、麦秆、松枝或者塑料布等。通常以盖而不严，稀疏见叶为宜，使茶树既能够进行正常的呼吸代谢，又能够聚集呼吸放出的热量，从而提高蓬面温度。

　　但是利用作物秸秆或者杂草覆盖所需材料较多，而且需要大量的劳动力，导致生产中也难以推广使用。遮阳网由于具有轻便、耐用，可以同时实现遮阳、抗旱、防冻等一网多用的特点，目前在实际生产中得到推广应用。研究发现，使用遮阳网覆盖能够有效地阻隔"倒春寒"中雪和霜等进入茶丛内部，从而提高茶树蓬内温度，达到防止蓬内萌动新梢遭受冻害的发生。但是，遮阳网在抵御寒风和冻雨方面的效果比较差，还有待于进一步研究改进。

（4）茶园修剪与采摘。在高山茶园和高纬度地区茶园的树型应当以培养低矮茶蓬为宜。通过采用低位修剪的方法，控制修剪程度，使冠层绿叶层增厚，可以减轻寒风的侵袭（图2-17）。对于冬季和早春经常出现严重冻害的地区，建议将茶树修剪活动推迟至春季气温回暖并稳定后进行，或者是在春茶结束后进行。

图2-17　茶园重修剪

采摘茶园提早封园，适当提高蓬面茶树叶层，可以减轻茶园寒冻危害。如果秋茶采摘时间太长，采摘量过大，会造成茶树养分消耗过量而且没有足够的时间吸收养分恢复生长，导致容易遭受寒冻害危害。

3. 高山茶园和高纬度茶园越冬期冻害预防措施

在高山茶园和高纬度地区茶园茶树越冬期温度普遍在0℃以下，而且常常会遭受越冬期的寒潮影响而出现不同程度的冰冻、雪冻和风冻等。针对于此，具体的预防措施主要有以下几种：

（1）茶园灌溉管理。俗话说"浇好越冬水，能抗七分灾"。在山东等江北茶区灌足越冬水，可以提高茶园抵抗越冬期冻害的能力。这主要是由于灌溉水温比土温高，可以提高地温；另外，土壤导热率增加有利于下层热量向上层传导，补充地表热量的散失。但是浇水时间也要科学掌握，对于北方茶园灌水防冻来讲，灌水时间以小雪和大雪之间的土壤封冻期进行浇灌防冻效果较为理想，浇灌水太早，防冻效果反而差。针对于春季的霜冻危害，通常在晚间或者霜冻发生前的夜间进行灌溉，可以使平均温度提高2～3℃，其防霜作用可以连续保持在2～3夜（图2-18）。

图2-18　茶园喷灌预防冻害

（韩文炎提供，2016）

（2）搭建拱棚。在山东等北方高纬度茶园，冬季气温多处于0℃以下，而且春天"倒春寒"严重，因此，生产中往往需要搭建拱棚保证茶树平稳越冬以及春天免遭晚霜冻害（图2-19）。一般来讲，拱棚的搭建依茶树蓬面而异。茶蓬高度在30厘米以下的幼龄茶树，适宜搭建高度为50厘米左右、宽度为80厘米的小拱棚；茶蓬高度在30～50厘米的茶园，适宜搭建中型拱棚，高度在1.3米左右、跨度在3.6米左右；茶蓬高度在50厘米以上的茶园，则建议搭建高度1.5米、跨度5.5～7.5米的大茶棚。

图2-19　茶园搭建拱棚抵抗低温冻害
（颜鹏提供，2016）

（3）培土越冬。该项技术措施在山东等江北茶区具有非常好的应用效果和推广价值。具体操作方法为：对于幼龄茶园来讲，尤其是刚刚种植的1龄茶园，可采用二次培土的方法。首先在浇完越冬水后待表层土壤变干后，在"立冬"至"小雪"期间培土一次，至苗高的一半。第二次在"大雪"前后，再次培土至树梢即可。但是，全培土时一定要掌握好土壤含水量。有些茶园由于培土时土壤较干，培土后容易出现幼龄茶苗缺水死亡的情况。因此，在冬季培土前，一定要先浇足水。对于成龄茶园来讲，可以采取半培土防护的办法。在冬季浇完越冬水后，待土壤表面略干，在茶树底部进行培土即可。

另外，幼龄茶园安全越冬后要及时去除培土，避免影响茶树春季的正常生长。退土工作一般分两次进行：第一次在"春分"前后，退去苗高的1/2；第二次在清明前，将覆土全部去掉。

（4）搭建防风围障。利用稻草、玉米秸秆或者山草等做成草苫子，在迎风面距离茶树30～50厘米处开一大概10厘米深的浅沟，将草苫子立于其中，并且向茶树方向倾斜。一般要求高于茶树蓬面20厘米左右为宜，在"立冬"至"小雪"期间建好。

（5）适当套种。秋季在茶园行间套种越冬绿肥，覆盖地面，可有效阻挡寒风，提高土壤温度，有利于减轻冻害（图2-20）。来

图2-20　茶园套种
（韩文炎提供，2016）

年春天这些绿肥又可当肥料。

4. 茶园晚霜冻害、"倒春寒"的预防措施

在茶园冻害中，晚霜冻害是发生面积最广、危害程度最重的一种低温冻害，在当前的茶叶生产中受到越来越多的重视。其预防措施除了前面讲到的选择合适的建园地点，注意品种选择与搭配，合理的耕作与施肥管理，茶树修剪与茶叶采摘等之外，其主要预防措施还包括以下几种：

（1）安装防冻风扇。防冻风扇是由日本研发并引进到我国的一项技术。在产生逆温的晴天具有非常好的防霜防冻效果。因为在离地面6～10米处的空气层温度往往要比茶树蓬面温度高3～5℃，因此在距离茶树蓬面6米的高度安装风扇，将上层的"暖空气"吹至茶树蓬面，可以提高茶树蓬面的温度，起到防霜的效果。在安装的过程中，要注意坡地茶园风扇的头部位置应当由山侧向山谷倾斜，平地和缓坡茶园风扇头部应当向日出前的气流方向倾

图2-21　茶园安装防霜风扇抵抗低温冻害

（颜鹏提供，2016）

斜，俯角以45°为宜，并设置自动控制系统，一般设定在近地面气温下降至4℃时，自动开启风扇，次日早上温度回升后停止（图2-21）。风扇的有效控制面积依茶园所处地势不同而异，平地茶园一般一台功率为3千瓦的风扇的有效控制面积在1.5亩*左右。

（2）喷灌除霜。水具有较高的热容量，在有霜的夜间当茶树蓬面温度接近霜冻温度时采用喷灌设备在茶树蓬面上喷水，能够阻止芽梢结霜。只要连续不断地喷水直至黎明气温升高时为止，就可以防止茶树叶片温度降低至冰点以下。同时通过水结冰的过程中释放出的潜热，可以使气温缓慢降低。温度较低时，喷出的水在茶树叶片上形成冰片或者在芽梢结冰，这也相当于一层保护层，防止芽梢内温度进一步降低。另外，在遭遇晚霜危害时，喷水还可以洗去茶树上的浓霜。实际生产中发现，在降霜之夜，采用该方法的茶园的叶片温度和蓬面温度大概保持在0℃左右，而不喷水茶园的温度有的甚至降低到零下8℃。在具体的生产操作中，需要特别注意的是，采用喷水结冰法时，一旦喷水开始，必须要连续喷水到日出之前，如果中途停止会造成茶芽温度下降至0℃以下造成结冰，比不喷水更容易遭受危害，且危害程度更严重。

（3）熏烟法。该方法主要适用于在洼地茶园防御晚霜危害。霜是夜间温度降低时在物体或者植物表面发生的水汽凝结现象。借助烟雾一方面能够发挥"温室效应"的作用，防止土壤和茶树表面失去大量的热；另一方面，通过烟的遮蔽作用能够降低地面的夜间辐射，起到保温的作用。此外，水汽在凝结于吸湿性烟粒上时能够释放出潜热，可以起到提高地温的作用，降低霜冻危害程度。一般操作方法是在寒潮来临前，根据风向、地势和茶园面积，利用干草和谷糠等设堆，在气温降低至2℃时点火，但是要控制火势，尽量形成烟雾（图2-22）。运用此法时一定要注意防火和安全！

---

*亩为非法定计量单位，1亩＝1/15公顷，下同。——编者注

图2-22　茶园熏烟法抵抗低温冻害
（颜鹏提供，2016）

（4）覆盖。采用无纺布、地膜、遮阳网、稻草和作物秸秆等直接覆盖在茶树蓬面上对于茶园防治晚霜冻害具有一定的效果（图2-23，图2-24）。一方面具有保温增温的作用；另一方面覆盖物可以起到阻断作用，防止茶树芽梢直接结霜，从而降低霜冻危害。但是在霜冻严重的情况下树冠表面芽梢仍然会有冻害情况发生，而在距离蓬面10～20厘米处架设棚架，然后覆盖，其防霜效果会提高很多。另外，覆盖效果也依覆盖材料而异，一般稻草和作物秸秆等材料覆盖的防霜冻效果要更好一些。

图2-23　茶园搭建棚架覆盖抵抗低温冻害

（颜鹏提供，2016）

图2-24　茶园覆盖抵抗低温冻害

（黄海涛提供，2016）

5. 化学防冻措施

随着研究的不断尝试，生产中也开始慢慢地通过施用外源药物的办法预防茶园寒冻害危害。目前主要有以下几种：

（1）喷施化学药剂。有研究发现通过喷施化学药剂保温能够减少茶树蒸腾，促进新梢老熟，提高木质化程度，从而提高茶树抗寒防冻能力。通常来讲包括以下几种方法：秋末喷施2，4-D，或者10月下旬喷施乙烯利；在越冬期喷施浓度为200毫克/千克的MDBA（2-甲氧基-3，6-三氯甲苯酸），400毫克/千克的MCP（2-甲-4-氯苯氧乙酸），或者1 000毫克/千克的MCPP（2-甲-4-氯苯氧丙酸），可以显著提高茶树抗冻能力。另外，喷施磷酸缓冲溶液（1/15 ~ 1/30摩尔/升的KH_2PO_4和NaH_2PO_4的2 ：1混合液）对茶园防冻具有很好的效果。

（2）喷石蜡水乳化液。日本研究发现，在新芽展叶前，利用蜡的水乳化液喷雾在茶树上能够延缓茶树鳞片的脱落，从而起到防止茶树幼芽遭受霜冻危害。具体操作方式为：采用石蜡50千克、微晶蜡100千克、对羟基安息香酸5千克放在一起加热熔融后，加入吗啉油酸盐50千克，搅拌混合，控制熔融物温度在85 ~ 95℃。然后加入830升温度为90 ~ 95℃的热水中，搅拌均匀后即为水乳化液。所得水乳化液在使用时稀释10倍，按照2 000 ~ 4 000升/公顷的用量使用。

七、茶园冻害发生后的补救措施

茶园遭受寒冻害后，必须采取相应的救护措施，尽可能地降低经济损失，及时恢复茶树生机。目前生产中可采取的主要补救措施包括以下几种：

（1）及时除雪，减轻冻害。冬季积雪相当于一层棉被，起到防止冻害的作用，但春雪，特别是新梢萌动后出现的积雪应及时清除，减轻新梢冻害程度。

（2）及时修剪。茶树遭受严重冻害后树冠枝叶失去生活力，必须及时进行修剪，以防止枯死部位进一步扩大，同时刺激修剪口下的定芽或不定芽的萌发。但是修剪时要注意以下几点：一是修剪程度宜轻不宜重，修剪程度一般视茶树受冻害程度而定，一般将枝条受冻彻底冻死的部分剪掉即可。如果仅是叶片和腑芽受冻，但是枝条略有冻伤或者未受冻的情况下，应当少剪甚至是不减。二是在修剪时间的选择上，掌握在春季气温回升及其基本温度稳定后为宜，过早修剪易遭受"倒春寒"的再次袭击而再次受冻。

对于不需要进行修剪的茶树，尽量摘除表层受冻新梢，从而有利于促进下层新梢的萌发生长。另外，对于容易发生冻害的茶园，如果需要平整茶树蓬面，最好在春茶萌动前进行，而不要在秋茶结束后进行，这样可以减轻冻害程度。对于冻害严重的1～2年生茶树，如果冻死率不高，可以采用定型修剪的办法，剪去部分枯枝，并补植缺丛。

（3）及时中耕除草，加强肥水管理。受冻茶园应及时开沟排水，并且进行中耕除草，从而疏松土壤，提高土壤通气性，以利于茶树根系生长和养分吸收。与此同时，在气温回升受冻茶树修剪过后应加强肥水管理，增施早春肥。茶树受冻后损耗了体内较多的营养物质，必须及时补给才能恢复生长和发芽。尤其是在越冬期遭受冻害后，要重视催芽肥，施肥量应比原来增加20％左右，同时配施一定量的磷、钾肥。

此外，在茶树春季遭受霜冻害后，及时喷施叶面肥能够刺激茶树根系对水分和养分的吸收，促进茶树生长恢复，促进茶芽早发、多发和快速生长。生产中可使用的叶面肥主要包括0.5％的尿素、"一喷早""春芽丹""叶面宝"等。时间不能晚于开采前15～20天，一般每隔7天喷施1次，连续喷施2次即可。

（4）合理采摘，培养树冠。茶树遭受寒冻害后一般会造成枝叶焦枯脱落，新生叶片叶面积也显著变小。因此，在采摘时应注意留叶养梢。一般经过轻修剪的茶园在春茶采摘时应当以留下一片大叶为宜，夏秋茶则按照常规强度采摘即可。而对于经过重修

剪的茶树则以养为主，不采夏茶。

（5）绝收茶园改种换植。 对受冻害严重且采用补救措施难以补救的老茶园，应进行改种换植。

（6）间套作一年生作物。对受灾的幼龄茶园和改种换植茶园，可在行间套作一年生粮食和矮秆经济作物，弥补受灾损失。

（7）及时进行茶苗补植。新植茶园的幼龄茶树冻死后，翌年早春必须及时进行茶苗补植。应尽早开展茶苗的购买调运工作，以确保茶苗的及时补植。

第三章
茶园高温干旱及其防治

一、高温干旱灾害发生的总体情况

高温灾害是指大气温度高，持续时间较长，导致茶树生长发育受抑制，不能适应环境的一种天气过程。干旱灾害是指某一地域范围在某一具体时段内的降水量比多年平均降水量显著偏少，导致茶树正常的生长发育受到较大危害的现象。高温干旱是一种气候灾害，也是一种持续性的气象灾害。二者往往同时发生，并且二者的叠加效应通常会引起更为严重的危害（图3-1，图3-2）。

2013年夏季，高温干旱肆虐长江中下游地区。浙江茶区遭遇创纪录的持续高温干旱，杭州连续40多天基本无雨，最高气温达41.6℃，连续5次破1951年有气象记录以来的历史最高温度，连续6天最高气温超过41.0℃，浙江奉化更是高达43.5℃，绍兴、新昌、嵊州和富阳等多个县市的最高气温超过42.0℃。我国江苏、安徽、江西、福建、湖南、贵州和重庆等地同样遭遇不同程度的高温干旱天气，给茶叶生产造成了严重的危害。浙江绍兴御茶村近85%的茶园受害，其中部分茶园濒临枯死，给茶叶生产造成非常严重的影响。

图3-1 浙江茶区发生的高温干旱灾害
（韩文炎提供，2016）

图3-2 中茶108遭受高温干旱灾害
（李鑫提供，2016）

包括浙江产区在内，我国多数茶区太阳辐射能和雨量周年分布不均，当气温大于35℃，或者土壤绝对含水量低于15%，则新梢生长缓慢，如果这种高温干旱天气连续几天，将会灼伤嫩枝叶。不少茶区曾遭受不同程度的高温干旱灾害。2010年春，云南约400万亩茶园受旱灾，春茶减产约50%，损失近10亿元。2011年湖南春、夏茶产量分别减少20%、30%，受损约5亿元。贵州部分茶区2010—2013年连续遭到高温干旱，大量幼龄茶树死亡、茶园减产。2013年，由于持续的高温干旱，四川部分茶园最高亩产降幅达80%；云南60万亩茶园受灾。高温干旱等灾害也导致其他一些茶叶生产国每年4%～33%的产量损失，如肯尼亚4%～20%、坦桑尼亚33%、斯里兰卡26%和印度17%～31%，还致使6%～19%茶树死亡。

二、高温干旱危害的症状

茶树受到高温干旱灾害后最直观的改变就是其表型的变化。表型症状的识别也是生产中判别茶树是否受到热害最直接的手段。茶树高温灾害的症状常表现为新梢上午挺立，午后随着温度升高萎蔫下垂；新生幼嫩叶片由于其对高温的抵抗力较弱首先灼伤，出现失绿、焦斑或枯萎，发生位置不一；受害顺序为先嫩叶芽梢后成叶和老叶，先蓬面表层叶片后中下部叶片。茶树干旱灾害的症状首先表现为芽叶生长受阻，由于叶片水分的转移特性，蓬面表层成熟叶片先出现焦边、焦斑，然后向叶片内部和基部扩展，叶片受害区域与尚未受害的区域界限分明；受害顺序为先叶肉后叶脉，先成叶后老叶，先叶片后顶芽嫩茎，先地上部后地下部。高温干旱灾害是高温和干旱两者的综合，表现为新梢生育停滞、幼嫩茎叶枯焦、叶片枯萎脱落、枝叶由上而下逐渐枯死，甚至整枝枯死。

李治鑫等研究发现，在遭受高温干旱危害前，茶树的芽和叶片呈翠绿色，外形完整且生长正常。高温干旱危害初期，芽和叶上开始出现浅褐色斑点。随着危害时间的延长，褐色斑点的颜色不断加深，数量不断增加。随后，茶树嫩芽下的枝条开始明显变褐，高温干旱危害后期，褐色斑点不断聚集形成大型褐色斑块，叶片的边缘呈烧焦状并向内卷曲。最终，茶树幼嫩的芽和叶全部被烧焦，成熟叶片也多数呈烧焦状，整株茶树枯萎死亡（图3-3）。

图3-3　高温干旱灾害发生时茶树叶片的表型变化
（李鑫提供，2016）

茶树受到高温干旱灾害后一般分级如下：

轻度受害：部分叶片逐渐变黄绿、出现褐斑、轻度卷曲、变形（图3-4）。

中度受害：多数嫩叶红褐（1～4叶为主）、卷曲、萎蔫、枯焦脱落，但顶端茶芽梢（1芽2叶）未完全枯死（图3-5）。

重度受害：老叶和嫩叶枯焦脱落、形成光杆枝、多数枝条枯死，但主干未完全枯死。

极度受害：土壤已无可利用水分、茶树整体缺水、根毛死亡、叶片完全脱落、地面侧枝及主干枯死，如果持续过久，茶树将整体死亡（图3-6）。

图3-4 轻度受害

（李鑫提供，2016）

图3-5 中度受害

（韩文炎提供，2016）

图3-6　极度受害

（李鑫提供，2016）

三、高温干旱灾害发生的原因及其影响因素

1. 高温干旱灾害发生的原因

高温干旱灾害是由于环境温度高于茶树的生长适温，土壤水分不足，或者空气过于干燥，而导致茶树生长发育受到抑制，甚至死亡。茶树的生长温度一般要求年均气温在13℃以上，全年大于10℃的积温 3 000 ~ 4 500℃，年最低气温多年均值在零下10℃以上。通常日均气温稳定过10℃时，茶树开始萌发，当气温在20 ~ 30℃时，茶树生长旺盛。同时，土壤水分是茶树生理与生态需水的主要来源，与茶树生育关系密切。茶树全年的需水量要求在1 000 ~ 1 400毫米，而且逐月分布比较均匀。土壤相对含水量70% ~ 90%是茶树生育的适宜条件，茶树的芽叶生长强度、叶片形态结构及其内含物的生化成分等指标，均以土壤相对含水率80% ~ 90%为最佳，而根系生长则以65% ~ 80%为好。

高温灾害主要是由于持续高温而引起的，当气温上升到茶树所能忍耐的最大限度即日平均温度大于35℃时，并且持续多日发生时，容易导致茶园高温灾害。干旱灾害的直接原因是土壤干旱和大气干旱。土壤干旱是由于长期缺雨又无灌溉，一般认为沙壤土的绝对含水量以15%作为干旱灾害的临界指标。大气干旱，又称为"干旱风"，是一种高温低湿和较大风速相结合的气象灾害，其特点是土壤中虽有一定的水分，但由于空气干燥，风速较大，茶树蒸腾速率过高，吸水速度大大低于消耗，而导致茶树受害。

中国农业科学院茶叶研究所的研究表明，当日平均气温在30℃以上、最高气温在35℃以上、相对湿度60%以下、土壤相对持水量35%以下时，茶树的生长发育将严重受抑，如果这种条件持续8~10天，茶树将受到高温干旱的危害。

2. 高温干旱灾害发生的影响因素

从初步调查结果看，茶树高温干旱灾害的发生与土壤条件、树龄、品种、田间管理措施和茶园生态环境等多种因素有关。

（1）土壤条件。这是发生茶树高温干旱灾害最重要的原因。危害最严重的成龄茶园几乎都存在土壤问题，突出表现为土层浅薄，或土壤地下水位高、有障碍层而导致积水的茶园，由于茶树根系无法向下伸展，吸收范围小，这些地块先出现受害症状（图3-7）。所以，山顶或山脊土壤浅薄、山谷低洼地有积水、地下水位

图3-7　不同土壤条件下茶园遭受高温干旱危害情况
（韩文炎提供，2016）

高的水稻田改造茶园往往最为严重。另外，土质沙性、保水能力较差的茶园也是高温干旱灾害的重灾区。凡是土壤深厚，茶树生长健壮的茶园不会受害或受害较轻。

（2）树龄。幼龄茶树由于根系浅、茶树行间裸露面积大，受害程度显著大于成龄茶园。据测定，在气温为38℃的晴天，成龄茶树覆盖的行间地表温度不到30℃，而阳光直射的幼龄茶园地表温度可达50℃。所以，幼龄茶园由于气温高，土壤失水快，更容易受到高温干旱的危害。

（3）茶树品种与播植方式。与种子直播、主根明显的有性系品种相比，使用扦插苗种植的无性系品种由于无明显主根，根系较浅受害相对较重。从浙江种植的不同栽培品种来看，龙井群体和鸠坑群体明显优于无性系良种；无性系品种中乌牛早、迎霜和龙井43等抗性较强，而安吉白茶、丰绿、薮北，以及有云南大叶种基因的无性系良种受害程度相对较重。安吉白茶的叶片较薄，不耐高温和烈日；丰绿和薮北为引进品种，可能对当地生态环境的适应性较差；大叶品种的耐旱程度一般比中小叶种差。另外，茶果结实率高的品种或茶树，受害较重。而树势健壮、根系深广、叶片结构紧凑、叶面光滑、叶质硬、叶脉密、角质层厚、新梢持嫩性强的品种往往抗性较强（图3-8）。

（4）田间管理措施。茶园管理不当，特别是高温干旱期间采摘、修剪的茶园危害也较重（图3-9）。这有两方面的原因：一是茶树蓬面的新梢有较强的蒸腾拉力，能促进茶树从土壤中吸收水分；二是表层新梢或叶片对高温干旱已有一定的忍耐力。高温干旱期间的采摘，特别是机采和修剪，将树冠表层枝叶剪去后，留下的叶片直接暴露在烈日下，容易造成叶片灼伤，导致表层叶片失水、枯萎、脱落。

高温干旱期间的耕作锄草也是导致茶园，特别是幼龄茶园旱热害，甚至茶树死亡的重要原因。另外，病虫危害严重的茶园，特别是受茶小绿叶蝉或螨类危害过的茶树，或施肥少、营养不良的茶树由于叶层薄、叶片小而薄，也容易受高温干旱灾害的影响。

图3-8 不同品种茶树遭受高温干旱危害情况
（韩文炎提供，2016）

图3-9 修剪后的茶叶遭受高温干旱危害
（韩文炎提供，2016）

（5）茶园生态环境。除了土层浅薄或积水的茶园外，凡是生态条件差、太阳照射时间长的茶园也容易受害，所以朝南、朝西和平地茶园往往受害较重。路边茶行和山涧茶园由于高温热气威逼，易受热害。另外，行道树下方靠近行道树过近的茶行由于与行道树争水，不耐烈日也有明显的旱热害；但距行道树有一定距离，能被行道树遮挡部分阳光的茶行受害较轻。

四、高温干旱预防措施

1. 茶园立地条件的选择

茶树的生长环境也影响着高温干旱灾害程度。茶园的朝向不同，导致受到太阳直射情况不同，受害情况也存在很大差别。水田等土质改建的茶园，通常由于根系无法穿过铁锰结合层，而造成根系分布较浅而脆弱。因此，新建茶园基地必须要考虑适宜茶树生长的气候条件。一般处在阳坡的茶树比阴坡的受害程度要严重；洼地要比平地重；土质黏重或者沙性过重的受害严重，而土壤质地较松、结构良好、肥力与有效持水力较高的土壤受害轻。

2. 选择优良抗性品种

据研究，茶树的形态特征和生理特性与抗性有关。茶树叶片的栅栏组织和角质层的厚度越大，就能够更多地存储水分，并减少其挥发。茶叶表皮气孔密度越大也能够有效散热，降低表面温度。此外，有性系品种的根系相对比较发达，对土壤中水分的吸收比较充分，因此其抗旱性能也明显优于无性系。

3. 合理密植

种植密度过高，其高温干旱灾害越严重。我国长江中下游地区，7~8月均有不同程度的干旱，在高温气候条件下，茶树种植密度过高导致茶树蒸腾作用旺盛，耗水量大，不能满足茶树生长需求，常引起群体和个体的矛盾激化，遭受高温干旱灾害。

4. 茶树行间合理覆盖间作

对于幼龄茶园，在茶树行间覆盖是一种有效的抗旱技术。在茶树间的空隙铺上适量的稻草、落叶等，使其覆盖在土壤表面，对土壤起到一定的保护作用，可以减少水分蒸发。这种方法简单方便，而且成本较低。经过调查，铺草之后的茶树苗生长情况较之前都有了很大改善，比如茶树的新枝至少增长了5厘米，幼苗的成活率也最少提高了20%。铺草之后，同一层次的土壤稳定性更好，土壤中的水分增多，茶叶的品质和产量都有了一定的保障。

间作绿肥也能够有效起到遮阴、降温和改善茶园小气候的作用，从而有效防止茶树遭受到高温、强光等的危害（图3-10）。据广东省农业科学院茶叶研究所试验表明，幼龄茶园间作夏绿肥大豆后，在7~9月地温比不间作的下降10~15℃，大大降低茶苗的受灾率。

图3-10 间作绿肥防止高温干旱危害

（颜鹏提供，2016）

5. 茶园环境科学遮阴

茶园中进行科学遮阴能够有效地减少高温干旱对茶树的伤害。通过遮阴处理的夏暑茶，茶的口感也会有所改变，苦涩味减弱。不同品种的茶树，遮阴措施也略有差异，对暗光的适应性、新枝叶的发育状况都是需要考虑的因素。遮光度必须对茶树生长影响不大。

另外，可以在茶树上方架设遮阳网，阻挡烈日暴晒，降低叶面温度，防止叶片灼伤。但是架设时需要注意，遮阳网距离茶树蓬面高度控制在50厘米以上，切勿直接覆盖在茶树蓬面上，否则会加重危害（图3-11）。

图3-11　遮阳网覆盖防止高温干旱危害

（李鑫提供，2016）

6. 茶园灌溉

灌溉是茶园最有效的抵抗高温干旱的生产管理措施。一般在夏季高温达到35℃、日平均气温接近30℃、日平均水蒸发达到9毫米，持续一周以上，土壤含水量低于田间持水量的70%时，要及时开始灌溉。实践证明，对于茶树来讲，通常的灌溉方式有：流灌，喷灌和滴灌三种方式。

（1）流灌。茶园流灌是靠沟、渠、塘或者抽水机等组成的系统进行灌溉。茶园流灌能够一次性彻底解除土壤干旱，但是也存在需水量大、水分利用率低、均匀度差和易造成水土流失等问题。而且茶园流灌对地形要求严格，一般只适于平地茶园和水平梯式茶园以及某些坡度均匀的缓坡条植茶园。

（2）喷灌。喷灌是目前应用最为广泛的一种茶园灌溉方式，他需要有专用设备，与流灌相比具有很多优势（图3-12，图3-13）。喷灌用水节约，能够使水均匀地喷洒在茶树和土地上，不仅可以避免产生地表径流和深层渗漏，而且能够改善茶园小气候，在炎热的旱季能够使茶园的气温下降2℃，地温降低4℃，并且能够提高空气的相对湿度，为茶树的生育创造良好的条件。

图3-12　茶园自动喷灌
（李鑫提供，2016）

图3-13　茶园人工喷灌
（李鑫提供，2016）

（3）滴灌。滴灌是利用一套低压管道系统，将水引入埋于茶园土壤中的毛管，再经毛管上的吐水孔缓缓滴入根际土壤，以补充土壤水分的不足（图3-14）。滴灌的最大特点是用水经济，不破坏土壤结构，不会造成地面流失和空中水滴漂移损耗。但主要缺点是滴头和毛管容易堵塞，投资大，田间管理工作比较麻烦。

图3-14 茶园滴灌

五、高温旱灾后的恢复措施

1. 修剪

对于遭受高温干旱危害的茶树，叶片虽然有焦斑或者脱落，但是如果顶部枝条仍然活着的茶树，不需要进行修剪，可以让茶树自行发芽，恢复生长。但是对于受害特别严重，茶树蓬面枝条大量枯死的茶园，则需要及时进行修剪，剪去枯死枝条，但是也要注意修剪程度，一般来讲宜轻不宜重。

2. 及时施肥

对于受害严重的茶园，雨后土壤潮湿时应及时施肥，可以将茶园秋冬季的基肥提前施用。一般每亩施用商品有机肥300~500千克，或者菜籽饼150~200千克，同时配合施用复合肥20~30千克，开沟深施。

3. 留养秋茶

对于采摘夏秋茶的茶园，要本着夏秋茶多留少采的原则，并提早封园，平面树冠秋后剪平，保证来年春茶产量。

4. 重新种植

对于出现茶树死亡的幼龄茶园，要及时补种茶苗。对于个别区块旱死严重的茶园，应当及时彻底深翻，加培客土，根除土壤障碍因子后重新种植。对于不适宜茶树生长的区块，应当改作它用。

第四章
茶树洪涝灾害及其防治

　　我国茶园多数分布在热带和亚热带丘陵山区，由于雨水分布不均，暴雨率高，加上茶园本身的坡度，存在着不同程度的水土流失现象（图4-1）。在多雨的季节，降雨往往使茶园土壤积水，地下水位升高，造成茶园土壤水分过多而导致湿害，给茶叶生产带来较大危害。因此，对于洪涝灾害，最重要的是防治水土流失和茶园湿害。

图4-1　茶园水土流失
（颜鹏提供，2016）

一、茶园水土保持

水分和土壤是茶园最重要的自然资源。水土流失不仅使表土层变薄，而且表土中的营养物质流失，使土壤结构变差，生态平衡失调，影响茶叶产量和品质，甚至威胁茶叶生产的可持续发展。因此，水土保持是生态茶园建设最重要的内容之一。

水土保持即防治水土流失，保护、改良与合理利用水土资源，维护和提高土壤生产力，以利充分发挥水土资源的效益，建立良好的生态环境。水土保持的内涵不只是保护，还包括改良和合理利用。

1. 水土流失的危害

水土流失是目前我国乃至世界面临的环境和生态问题。由于水土流失，全世界每年所损失的耕地面积达5万~7万千米^2。我国是水土流失最严重的国家之一，据水利部资料，全国水土流失面积达163万千米^2，占国土面积的17%。其中流失的耕地面积占耕地总面积的1/3，每年流失表土估计达50亿吨以上，带走的氮、磷、钾等土壤养分约4 000万吨，水土流失成为引起土壤退化的重要因素。水土流失不仅造成土壤资源的破坏，导致农业生产环境恶化、生态平衡失调、水旱灾害频繁，而且还会影响河流、湖泊的综合功能和航运等。水土流失的危害主要表现在下列3个方面。

（1）破坏土地资源，威胁人类生存。土壤是人类赖以生存的物质基础，是环境的基本要素，是农业生产的根本资源。水土流失的发生，使有限的土地资源遭到破坏，土地变薄，地表物质"沙化""石化"，特别是土石山区，由于土层消失殆尽，基岩裸露，严重影响当地农业生产和经济的发展。土壤的损失导致耕地面积减少，耕地质量下降，最终甚至威胁人类生存。

（2）削减地力，影响茶叶产量和品质。由于水土流失，导致土地日益瘠薄，土壤理化和生物性状不断恶化，土壤透水性、持水能力降低，不仅严重影响了茶叶产量和品质，而且加剧了干旱的发生，使茶叶生产深受影响。据观察，兰溪丘陵红壤自然荒地的径流系数达20%左右，土壤侵蚀模数高达5 193吨/（千米^2·年），每年损失的氮、磷、钾等养分总量达100多万吨/千米^2。水土流失严重的地区往往季节性干旱明显，茶叶产量低、品质差。

（3）泥沙淤积河床、水库和湖泊，加剧洪涝灾害。水土流失使大量的泥沙下泄，淤积下游河道、水库和湖泊，削弱行洪能力，一旦上游来洪量增大，往往会引起洪涝灾害。由水土流失造成的洪涝灾害，全国各地均有不同程度发生。水库和湖泊由于大量泥沙淤积造成的库容量减少，也大大降低了其作为水利设施、航运等综合功能的发挥。

因此，加强水土保持，对于保护土地资源、提高耕地质量、改善河流水文状况、减轻洪涝灾害、促进茶叶生产的可持续发展和山区经济发展具有十分重要的意义。

2. 减少土壤流失与侵蚀的技术措施

减少土壤流失与侵蚀的技术措施很多，主要从3个方面考虑。在土壤方面，通过增加有机质，增进土壤蓄水及渗透能力，改良土壤结构及物理特性，增强土壤抗蚀性能。对于茶园土壤来说，秋冬季深耕施有机肥十分必要，这样可以提高深层土壤的有机质含量。在植被方面，保护性耕作栽培、营造防护林、等高条植、等高耕作、免耕和保护性耕作、种草等均是良好的水土保持方法。在工程技术方面，应因地制宜，采用不同的措施，包括建立隔离沟、等高梯级园地、排水沟渠等。铺草是保持水土最有效的技术措施。对茶园来说，下列技术措施尤其重要。

（1）建立等高梯级园地，茶树等高条植。对于坡度超过15°的茶园，建立等高梯级园地；对于坡度5°～15°的茶园茶树种植时等高条植是防止水土流失的关键（图4-2）。据对兰溪红壤的研究，不同的坡度条件下土壤的年冲刷量具有显著差异，如坡度在4.6°、8°、13°和15°时，相应的年土壤侵蚀量分别为211吨/千米^2、615吨/千米^2、956吨/千米^2、1 380吨/千米^{2}和1 550吨/千米^2，坡度

每增加1°，土壤年侵蚀量约增加120吨/千米²。对于坡地茶园，等高种植的径流系数为2％左右，而顺坡种植的提高到5％左右，自然荒地更是高达20％左右。所以，对于坡地茶园，建立等高梯级园地和茶树等高条植十分重要。

图4-2　等高梯级茶园建设
（韩文炎提供，2016）

（2）修筑隔离沟和竹节沟。茶园四周，特别是坡地茶园上方与山林相接的地方建立隔离沟，不使山上林地雨水冲刷茶园也是防止水土流失的重要技术措施。对于没有条件建立等高梯级茶园或坡度在5°～15°的茶园，沿等高线建立"竹节沟"则能进一步减少水土冲刷，提高土壤含水量。坡地茶园建立"竹节沟"是斯里兰卡茶园建设的常规技术措施，在我国茶园目前应用不多，推广这种技术十分必要。

茶园"竹节沟"是按等高线或以1/120的梯度在茶园内修建的排水沟（图4-3）。"竹节沟"以沉沙坑和竹节坝依次相连而成，沉沙坑深45厘米、宽60厘米、长100厘米；竹节坝长约50厘米，比茶园地面低15厘米（即坝高30厘米），以利进入沟内的水在沉积坑中停留再缓慢流入下一个沉沙坑。"竹节沟"的一端与茶园内的主排水沟相连。从沟内挖出的土壤堆于沟的下沿，并将其修筑成一条挡水的小堤坝。"竹节沟"的间隔依茶园坡度而定，一般为6～15米，即每隔4～10行茶树建一"竹节沟"。坡度大时多建，坡度小时则可间隔距离大一些。沉沙坑内的泥沙应定期清理，放回到沟上方的茶园内，以使沉沙坑有较大的容积，便于更多的水分留在茶园内。

图4-3 茶园"竹节沟"
（韩文炎提供，2016）

（3）提高茶园覆盖度。地面植被的覆盖可以减少雨滴的动能，截滞雨水，促进水分渗入，减少水土流失。据研究，植被覆盖度的大小与土壤侵蚀存在十分明显的关系。植被覆盖度为35.1%、48.3%、60.9%、69.2%和83.1%时，其相应的土壤侵蚀模数分别为927.8吨/（千米²·年）、587.2吨/（千米²·年）、207.6吨/（千米²·年）、103.2吨/（千米²·年）和32.0吨/（千米²·年）。植被覆盖率每增加10%，土壤侵蚀量可以成倍减少。当植被覆盖度达60%以上时，土壤侵蚀可以控制在200吨/（千米²·年）以下。如等高耕种，土壤侵蚀量可以进一步降低，如植被覆盖度为35.1%、38.6%、56.1%和70.4%时，相应的土壤侵蚀模数分别为110.5吨/（千米^2·年）、103.4吨/（千米^2·年）、25.8吨/（千米^2·年）和18.4吨/（千米^2·年），土壤流失量比顺坡种植可减少6倍以上。管理良好的成龄条栽茶园覆盖度一般在80%以上，土壤侵蚀较小。但幼龄茶园在开垦和种植初期，土壤流失还是较为严重。因此，在种植前期，应尽量减少土壤裸露的时间，如土地平整好后，茶树种植前可种植绿肥作物；茶树种植后应尽量减少缺丛断行，并采取技术措施促进茶树的快速生长，尽快扩大树冠覆盖面。另外，茶行间有杂草时，也不用除尽，只要不危害茶树或长得不是太高或离茶树太近，茶园内有一些草也没关系，这对于幼龄茶园保护水土有良好的作用。

据韩文炎等在兰溪茶场经过连续三年的试验表明，茶园内行间铺草（厚度为5厘米）能够提高土壤渗透能力，减少地表水径流，从而使土壤流失相应降低，对于坡度较小的茶园，铺草几乎可完全防止土壤流失。试验结果表明与不铺草相比，铺草可使土壤流失量从150吨/（千米^2·年）降低到0吨/（千米^2·年）；而对于有一定坡度的茶园，也能显著降低土壤冲刷量。如在同样的坡度和降水量条件下，铺草茶园的水土流失量仅为露地茶园的10%。

茶园内间作或种草对保护水土、改良土壤、提高土壤肥力具有十分重要的作用（图4-4，图4-5）。据试验，幼龄茶园内种草在大雨或中雨状态下地表径流可减少50%~70%，泥土冲刷量可减少80%~90%，效果十分明显。除了幼龄茶园等茶树行间较大时种草，斯里兰卡还在成龄茶园内种植小灌木或直立型的草，一般种两行，称之为"双行隔离草"水土流失防治技术，即在山坡茶园内每隔一定距离沿等高线种植双行草或小灌木。选择的草种要求直立型，分蘖能力较强，以减缓土地表水的流速，同时阻挡部分泥沙。草和小灌木被定期修剪，修剪下来的枝叶作为茶园土壤覆盖的材料。茶园"双行隔离草"对防治水土流失具有明显的效果。

图4-4　未种或者绿肥长势不好，防治茶园水土流失效果差

（颜鹏提供，2016）

图4-5　种植绿肥减轻茶园水土流失

（颜鹏提供，2016）

另外，茶园四周和地边坎头种植不同类型的草，以阻止园外雨水进入茶园和起到护堤保坎的作用。茶园四周种植直立型的草，如香根草等；而泥坎上种植匍匐型的草，如紫穗槐、爬地木兰、画眉草和毛花雀稗禾草等。茶园内土层较薄不适合植茶的地方可保持自然植被或用来种草，以防止土表直接暴露于雨水中，从而减轻茶园水土流失。

二、茶树湿害

茶树是喜湿怕涝的作物，在排水不良或地下水位过高的茶园中，常常可以看到茶园连片生育不良，产量低下，抗旱性减弱，喜湿性杂草增多，易发根腐病。虽经多次树冠改造及提高施肥水平，均难以改变茶园的低产面貌，茶树甚至逐渐死亡，造成缺株断行，这就是茶园土壤的湿害。我国茶树湿害在不同茶区和年份时有发生，主要发生在降水量大而集中、茶园地势低洼、土质黏重、排水不良或地下水位过高的地区。

1. 湿害的症状及危害

轻度湿害茶树症状与缺氮症状相似，嫩叶失去光泽显黄显暗，芽叶短小、稀疏，分枝稀少发白，生长缓慢甚至停止生长（图4-6）。地下部吸收根减少，根皮颜色由红棕色逐渐转为灰黑色，根层浅，侧根发育不良，向水平或向上生长，茶叶产量极低；严重湿害的茶树细根腐烂发霉，粗根内部变黑，输导根外皮呈黑色，

图4-6 茶园湿害危害
（韩文炎提供，2016）

欠光滑，生有许多呈瘤状的小突出（图4-7）。芽叶失绿黄瘦，成叶叶色失去光泽而萎凋脱落，枝条出现干枯死亡现象。

有些未老先衰的茶园，并非是因为采摘过度、培肥管理不当或是病虫为害等原因所造成，而主要是由于土壤滞水过湿造成的灾害。长期的生产实践和科学研究证实，茶树成年后，抗旱能力较强，抗涝能力较弱。所以在茶园设计不周的情况下，茶园的湿害还会比旱害严重些。同时也会因为湿害，导致茶树根系分布浅、吸收根少、生活力差，到旱季，渍水一旦退去，反而加剧旱害。

图4-7　茶园湿害造成根系腐烂
（韩文炎提供，2016）

2. 湿害发生的原因

在涝渍胁迫下，茶园土壤过湿，土壤的空气状况、土壤温度和农作活动都要受到影响。茶树湿害的根本原因是土壤水分的比率增大、空气的比率缩小，由于氧气供给不足，根系呼吸困难，水分、养分的吸收和代谢受阻。其次，土壤过湿时，土壤下层呈嫌气反应，由于缺氧，溶液中还原性物质（如甲烷、低价的铁离子和锰离子等）的浓度增加，不断积累，毒害茶树根系。再次，由于缺氧，嫌气性细菌，尤其是腐败性的嫌气细菌活跃。在这种条件下，土壤环境恶化，有效养分降低，毒性物质增加，茶树的抗病能力降低，就造成茶根脱皮坏死、腐烂。

茶园湿害与气候条件、地形、土壤、降雨和地下水位等因素直接相关。

（1）气候条件。雨水多，雨水分布不均。每年遇上雨季，持续性强降雨引起茶园土壤水分过多、湿度过大，造成积水。

（2）地形地貌。山地茶园的湿害，常出现在山坡下方的茶园，主要因上方雨水沿着坡面径流或潜水暗流汇集，如果土壤通透性差或者耕作层浅，雨水无法向深层渗透，地表水流前进的方向受阻，则形成积水，使土壤湿度增大。另外，河川、湖塘等两旁的茶园地下水位过高。水稻田改建的茶园，由于地势较低，同时建园时没有深翻破除犁底层，往往容易发生湿害。

（3）土壤质地原因。

①沙土类土壤中以粗沙和细沙为主，粉沙和黏粒所占比重不到10％，因此土壤黏性小、孔隙多、通气透水性强、蓄水和保肥能力差。由沙壤土类稻田改种的茶园积水常常表面看不出来，而土壤水分已经达到饱和状态，茶树也容易产生湿害。

②黏土类土壤中以粉沙和黏粒为主，约占60％以上，甚至可超过85％。黏土类土壤质地黏重，结构紧密，保水保肥能力强，但孔隙小，通气透水性能差，湿时黏、干时硬。此类茶园，遇到较长时间雨天，常常由于土壤孔隙内充满了水，使土壤中的空气流通不畅，滞水聚集，土壤在厌氧微生物作用下，分解产生有毒物质，使茶树根系遭受不同程度的湿害。

③壤土类土壤的质地比较均匀，其中沙黏、粉沙和黏粒所占比重大体相等，土壤既不太松也不太黏，通气透水性能良好且有一定的保水保肥能力，是比较理想的农作土壤。此类茶园，主要是部分处于低洼地的茶园，由于地下水外渗等原因，使低洼地茶园水位较高，土壤底层有潜育化现象，亚铁反应强，毒害茶树根

系，形成茶树湿害。

3.湿害的防治

（1）湿害的预防。茶树湿害的症状发展快、显现慢，当从茶园表观上发现严重的湿害症状时，茶树的损害几乎无法挽回。因此，事先预防，及早发现，及时排除极为重要。尤其值得注意的是，茶园要尽量避免遭受湿害。对湿害的防御根本途径是改良土壤、排除渍水。

我国大部分幼龄茶树的根系入土深度在1米以内，成龄茶树的根系入土深度在1～2.5米的范围内。一般而言，大叶种的根系较中、小叶种的要深广一些，中、小叶种的吸收根主要分布在0.5米的表土层内，大叶种的吸收根主要分布在地下0.8米以上的土层内，为了适应茶树根系生长发育的要求，茶园的地下水位应在1.5米以下。当遭遇洪水或涝渍，幼龄茶园地下水位下降到0.9米以下的时间不超过48小时，成龄茶园不超过72小时对茶树是安全的，说明这样的土壤排水状况良好，它也成为茶园排水有效性的参考标准。对于湿害茶园的改造，要根据湿害类型采取不同的截水和排水方法消除水患，同时要进行树冠改造和辅助其他改良措施才能奏效。入夏以来，连续暴雨，如果对茶园松土除草不能及时进行，很快就会造成园地荒芜和土壤板结。为了减少杂草与茶树争水、争肥，避免切断土壤毛细孔，促进土壤空气流通，减少水分蒸发，必须进行茶园松土除草。将杂草埋入茶园土中或覆盖茶行，以保证茶树正常生长。

①碟形地、洼地和不透水层形成的积水型茶园。这类湿害一般在低丘红壤、黏重黄棕壤土区较常见，底部有不透水层，由于在开垦时遇到硬盘层、黏盘层，使茶园开垦的深度不足而造成湿害。在建园时土层80厘米内有不透水层，宜在开垦时予以破坏，对有硬盘层、黏盘层的地段，应当深耕破塥，以保持1米土层内无积水。

开明沟排水：从茶园积水部位的最低处，挖掉1行茶树，开1条排水沟，把积水从茶园部位的最低处，从茶园中排出园外。

开暗沟排水：暗沟沟道用石块、砖块或水泥块砌成桥洞形，排水沟截面积不小于25厘米×30厘米，主沟还应更大，要设在难透水层以下，距地面松土层厚度超过50厘米。两沟相隔约1.3米，如为土壤黏重、降水量多的地区距离可稍近一些。砌好沟道，对沟道上方左右的难透水层要进行破塥深耕，近沟处深些，两沟中间浅些，以形成向沟道倾斜的沥水面。另外，在雨季到来之前，对于在建园之初未破除硬盘层的茶园，栽种后发现有不透水层也应及时在行间深翻破塥，打破不透水层。

②因地表和土层内径流而造成湿害的茶园。在缓坡低凹位置、急坡转为缓坡的地点，由于地表水和土内径流汇集而土壤质地较黏、透水性差、土层浅，以致水流缓慢，或被阻留而出现湿害，如集水面较大又在大雨久雨时期，土壤严重处于过湿状态，茶树就受严重湿害。改良的办法是采取措施降低这些茶园的地下水位，缩短地面径流在这些茶园的停滞时间。这种湿害需用明沟截水和暗沟排水相结合的方式改良：来自坡面上的水要深挖横向或环形明沟引入溪流。在茶园内顺坡向开暗沟排水，主支沟配合，出水口开在最低处。明沟省工费地，影响茶园整体园相和田间管理，暗沟要用石块、砖块、水泥、沙等材料，省地费工，有利田间管理和茶园整体园相，各有利弊，各地可因地制宜地加以采用。

③河川、湖塘两旁因地下水位上升而引起湿害的茶园。位于狭谷低地、水库、水塘、渠道的下方、溪流两旁以及大坝或池塘基部的茶园，在雨水到来之际，溪流内的水往往渗入茶园，使茶园地下水位升高，造成积水而引起湿害。如果地下水位较低、茶树湿害较轻，可在地下水流聚集的一侧深挖截水明沟，在园内多挖暗沟，暗沟的深度和距离以能将地下水位降至离地面70厘米以下为合适，并将总排水沟与溪流相通；如果园内有水塘或水渠通过，可将渠塘加深，使水位降低到离地面80厘米以下，也可将水塘填平，把渠道改在茶园以外；要沿河川、湖塘边岸开深沟排水，沟深110厘米左右，切断河川和湖塘的地下压力水，降低茶园地下水位；应在大坝或池塘基部与茶园的交接处开一条沟，沟

深以60～80厘米、宽20～30厘米为宜，将茶园积水排出；如果地下水位很高，中下层土壤潜育化明显，亚铁反应强烈，茶树湿害特别严重，改良又很困难的茶园，就应改种其他作物。

④茶园的土壤太黏重，排水不彻底而造成湿害。这类茶园，应在雨季到来之前进行客土，同时增施有机肥，以改善土壤结构。

⑤水稻田改造茶园引起的湿害。水稻田改建的茶园，由于地势较低，建园时又没有经过深翻改造，不透水的犁底层没有破除，从而引起湿害，导致水稻田茶园茶树生长不良的最重要原因是湿害。因此，对于这类茶园，首次是不要在四周是水稻田的情况下建立茶园；其次，建园时一定要进行全面深翻，深度应在40厘米以上；最后，在茶园四周或大面积茶园中间建排水沟，沟深80厘米以上，以降低地下水位，并使园内雨水及时排出，防止茶园渍水。

对遭受湿害的老茶园来说，若受害严重、改造难度较大、投入产出并不合算的地块，应弃茶而改作其他适宜用途。对新辟茶园来说，应避免在地下水位太高、潜育化明显、亚铁反应强烈、可能发生严重湿害的地块上植茶。

（2）茶树湿害的补救。挽救湿害要根据不同类型湿害茶园，采取不同的排水措施。对于因隔层造成的湿害，首先要进行土壤深翻，打破隔离层；对于其他湿害，在摸清土壤水流的来龙去脉，选择在合适的位置开排水沟，使积水排除。在排除积水的基础上可对受湿害的茶树进行树冠改造和根系复壮。

①修梯筑坎，开沟排水，恢复园相。抓紧修复水毁茶园，包括茶树良种育苗基地、新建幼龄茶园和投产茶园的坝坎、沟渠、道路等农业基础设施，及时清理崩塌的茶园梯壁、道路，疏通排水沟渠，防止次生灾害发生。恢复茶行茶树，达到梯坎恢复，保土、保肥，园貌整齐，树势良好的目标。特别要注意的是，对于遭塌方与泥石流破坏的茶园，必须在巡查确认地质状况稳定后再进行清理与修复工作。对于平地、平畈茶园，重点是及时在茶园四周开挖围沟，在茶园中间开挖中沟或厢沟排水，保持排水畅通，

降低地下水位在1米以下，尽快降低土壤湿度和环境湿度，严防茶树长时间浸泡引起死根烂根。对于水打沙压的茶园，要及时挖除茶园堆积的泥土泥沙。受水淹的投产茶园要尽快组织劳力排除明水，茶园排水后要对受湿害的土壤进行深翻，去除因积水而产生的有害物质。

②中耕松土。对水淹特别严重的茶园，待园地表土基本干燥时，应及时进行中耕松土，恢复土壤的通透性，促发新根，恢复生长。对受涝较重的茶园，排水和截水后，将茶树根颈和粗根部分的泥土扒开进行晾根1～2天，清除已溃烂的树根，以免进一步蔓延。

③扶树理枝，适度修剪，清除断枝。灾后尽快扶正倒伏树体，对外露的根系应及时做好培土覆盖，及时剪除带泥沙的拖地枝和断枝等无用枝叶。在雨停水退时，抢时间清除茶树上污泥杂物。根据危害程度进行不同程度的修剪，掌握宁轻勿重原则，以剪口比损伤部位深1～2厘米为宜，尽量保持采摘面。对水淹时间过长、伤根严重、叶片出现明显萎蔫症状的茶树，在排水、清沟排渍、表土干燥后，进行重修剪或深修剪，减少茶树枝叶水分蒸发和植株养分消耗，防止整株死亡。其他受灾的采摘茶园及时进行轻修剪，培养丰产树冠，促使新芽萌发整齐。

④追施肥料，恢复树势。遭受洪灾的茶树根系有不同程度损伤，营养物质吸收受到一定影响，要及时进行茶园根外喷肥，促进秋芽萌发快长。土壤施肥以追施速效肥为好，每亩施茶叶专用肥或普通复合肥50～100千克。

⑤清园消毒，防治病虫害。灾后这段时期正处于茶树病虫发生高峰期，因此要密切注意茶园病虫危害情况，加强病虫害测报预警，重点应用绿色防控技术。尤其对茶尺蠖要加强测报，谨防局部暴发成灾。

⑥换种改植。对建园基础差、湿害严重茶园，应结合换种改植，平整土地，重新科学规划，建立新园。对严重损毁的茶园，可根据具体情况退园还林，留待冬春季节栽树，进一步改善茶园生态环境。

第五章
茶树风、雹害及其防治

一、风害

风对茶树生长有利有弊：轻风、微风能使大气中的二氧化碳不断供应茶树的叶部，同时，接近叶层的水汽也可及时地飘逸到大气空间，帮助树体与大气之间的热量交换，提高光合作用能力。但是，当其能量高时会产生破坏性的强风、疾风，由于风速大，会对茶树产生机械伤害和使茶园土壤遭到风蚀。风害既产生直接危害，又产生间接危害。茶树遭遇其他气象的逆境条件时，风对茶树的危害主要是间接的，其机制主要是茶树根系吸收水分的速率在逆境下远赶不上蒸腾作用散失水分的速率，造成茶树组织失水，削弱了茶树对逆境的抵抗能力。

1. 风害的种类与危害

（1）强风害。强风害是指因台风影响，而导致茶树的折枝、落叶等机械伤害和农业设施倒塌等灾害，主要发生在沿海茶区和高海拔挡风茶园。台风是一种猛烈的灾害性天气，若遭受强台风袭击，茶树落叶断枝，甚至整株拔起，产生直接危害。我国东南沿海和海南等南方茶区常有台风袭击，狂风暴雨造成的风灾和水灾屡见不鲜。如果风速超过茶树受害的临界值，则茎叶、枝梢等就会摇摆、振动，发生撞击、裂伤的物理障碍（机械伤害），甚至叶片脱落、枝条折断、撕裂。此外，强风还可增强茶树蒸腾，导致茶树水分失调的生理障碍。

（2）潮风（盐风）害。潮风害是指强风把海水中的盐分吹送到茶园，粘在茶树上，导致茶树细胞反渗透而受害死亡。潮风害多发生在距海岸5千米以内的地区，有时也可发生在离海岸50～100千米的内陆。在国外如坦桑尼亚、日本等茶区，干旱季节有时会遭受潮风的危害。

（3）干热风害。干热风害发生在高温干旱季节。干热风一般是指温度≥25℃、相对湿度≤30%、风速≥5米/秒的风。若遭受干热风袭击，茶树叶片与空气中水分蒸发压饱和差增大，蒸腾作用增强，引起叶片快速失水，在烈日高温下，芽叶萎蔫，进而焦枯，造成大气干旱和高温热害、旱热交加，其危害之快在实际生产中有时远超土壤干旱。

（4）干冷季风害。冬季干冷季风会造成平流寒、冻害，引起茶树组织冻结，或使水分平衡受破坏，发生落叶、新梢嫩叶枯死等灾害。冷空气或寒潮入侵时，常伴有5、6级甚至7、8级大风，不仅使冷气团长驱直入，还带走大量热量和水分，大大地加重了低温冻害的危害。

中国冬季干旱少雨，由于温度较低，一般旱害较轻。但在刮风的情况下，旱情急剧恶化，一遇暖风，茶树蒸腾速率大幅度提高，而较低的地温限制茶树根系的吸水速率，再加上土壤干旱，就会出现旱害症状。更严重的是，这时受旱大大削弱了茶树对低温的抵抗力，使茶树更易遭受冻害。

（5）风蚀害。风蚀害是指因强风而引起地表土粒移动、飞散，耕作层土壤减少和茶树受损伤等危害。土粒移动有三种形式：粒径>0.5毫米的粗粒，在地表上滚动；0.1～0.2毫米的土粒，以跳跃方式移动；粒径<0.05毫米的微粒，以浮游方式在空中飘逸。飞土擦伤茶树茎叶，使根系外露或埋没植株；还可使土壤中的病虫

害飞迁、蔓延；吹走或埋没播下的种子和肥料，填塞道路和水沟，污染环境等。影响风蚀的因素很多，其中最主要的是强风，其次为土壤水分。土壤的耐蚀性随含水量的增加而增强，随风速的加大而减弱。

（6）低吹雪害。低吹雪是指因强风而使降雪和积雪移动、飞舞，堆积于微风区而发生的各种受害。雪害分机械雪害（急性）和生理雪害（慢性）两种。机械雪害使茶树折枝、断干。生理雪害主要使融雪推迟，导致茶树幼苗或间作物腐烂。

（7）冷风害。指平流冷害，是夏季冷风与少晴天气综合而致。遭受此害，茶树发育不良导致减产。此外，茶树发生湿害后出现大风，往往加快加重湿害的症状；大气污染物随风而移动，粘附或入侵到茶树上而发生大气污染危害。典型的污染物有 SO_2 和过氧化物（包括 O_3 和 NO_2 等）。SO_2 使细胞和组织发生障碍，光合作用下降，生长旺盛的嫩叶叶脉最易受害；O_3 给碳水化合物代谢过程带来不良影响；NO_2 对茶树的危害与 SO_2 大体相同。

2. 风害的防治

茶园风害的防护主要有两个方面：首先要求茶园建设应尽量避开当风地段，如山地的风口处；再者是要加强茶园防风林带的建设。

（1）各种风害的防御方法。风害的防御方法主要有防风设施防御和农业技术防御。实践证明，为了保护茶园土壤和茶树、改善局部小气候，应营造防风林带、设置风障来降低风力、防止风害的发生。茶树风障一般是临时防风措施，多以玉米秸秆等搭建高于茶蓬20厘米左右、略向茶蓬倾斜的防风屏障。设置风障可以阻挡寒风，降低风速，使植物减少寒害。杨书运等的研究表明薄膜风障对于减轻冬季大风降温对茶树的危害具有较好的作用。林木可涵养水源、保持水土、调节气温、减少垂直上升气流、大风和冰雹的形成，从而减少低温、洪涝、干旱、高温、风害、雹害等自然灾害的发生，是一项治本的措施。防护林带内十分有利于露的沉降，与开阔地（即无防护条件时）对比，在风障后相当于其高度2～3倍的地带上，露的沉降量约为开阔地的2倍。根据相同的道理，作为风障的防护林，将可以俘获更多的雾。这无疑对茶树生长是有利的。茶树属半阴性植物，建园时必须在茶园周围营造防护林和遮阴树。这样不仅可保持水土，提高空气湿度，调节气温，而且还可以减少直射光，增加漫射光，使茶叶持嫩性强，从而达到高产优质的目的。

农业技术的防御方法包括选择抗风性品种；采取抗风栽培；培育壮苗，防止偏施氮肥，多施磷、钾肥和有机肥；适当密植；降低植株高度等。风害发生后要及时采取补救措施，如扶起倒伏的植株，培土、镇压、浇水、铺草。地上部已不能成活的应迅速剪除，不宜扶起者应迅速剪断。

地上部遭受潮风（盐风）影响后，宜用洒水器或喷灌在受害后1天内冲洗；在干热风来临前喷水或深灌水；可采用抗风栽培，种植保护植物及作物秸秆覆盖、地膜覆盖，挂网法，防风罩法（稻草或竹编防风罩），增强土壤的抗风性如灌溉、加客土等防御风蚀。

（2）风害的补救措施。谢继金等根据多年经验提出了山地茶园台风来临前的避防和台风灾害后的补救措施。

①选择避风地段种茶、建造茶厂。要尽量避开在台风登陆或者经过的路径上或迎风的地段垦殖茶园和建造初制茶厂。尤其沿海的山坡地，在面向大海或者迎风的地段垦殖茶园后，即使不会造成台风灾害，每年伴风的雨水也会将茶园地表土壤侵蚀、冲刷，使土层逐渐变浅、变瘦、变薄，茶根裸露，冬季茶树枝叶容易遭受风冻，从而使茶树生长不良。

②坚持以水土保持为中心，建设高标准茶园。茶树为多年生木本常绿植物，根系发达，一年三季采收其细嫩芽叶，更需要有深厚肥沃的土壤作支撑。同时，土深才能接纳囤蓄雨水，从而使茶树苗壮生长，茶叶优质高产。茶园开辟及其道路、沟渠和茶行的设置，都要有利于茶园的水土保持。以10月后开垦山地为好，以免台风雨水引起的水土冲刷。注意开挖好山地茶园的隔离

沟，防止洪水直入茶园。尤其对坡度较大的山地不能采取全面垦殖种茶，要尽量保护好所垦坡地的山顶、陡坡处和迎风口等地段的原有植被，并种植多行适宜山地生长的短叶松、杉木等树种，以尽快形成能对茶园起屏障作用的防护林带，不断改善茶园生态环境。

③茶园铺草。坚持在茶园行间铺覆山草、柔嫩灌木枝叶、茶树修剪枝叶、稻草和麦秆等覆盖物，每亩用量一吨以上（至少不露土），可有效阻止茶园水土冲刷，防御干旱、冻害，从而促进茶树生长及茶叶优质高产。

④修筑梯坎，疏沟清淤。台风过后，及早将倒塌的茶园梯坎抢修加固，清除淤积在茶园沟内、道路上的泥土并挑培到茶园中，将歪斜茶丛扶正，使茶园沟道畅通。

⑤未雨绸缪，抢修茶厂及加工设备。平时应坚持维护好茶叶加工厂房及相关设施。尤其是台风期间，要注意收听当地气象预报(台风警报)，并格外留心台风到来前两三天的预兆：高云出现、雷雨停止、骤雨忽停忽落、能见度良好、海陆风异常、风向转变、长浪、海鸣、特殊晚霞和气压降低等，并做好防台抗台准备。要抢在台风袭击前，及时检查茶厂、茶叶仓库，将可能遭受台风侵袭的部位加固修理，切断电源，以防不测。关闭好茶厂、仓库的所有门窗，防止狂风乘隙直入形成巨大气浪，冲垮厂房屋顶瓦片、门窗，而导致更大的损失（谢继金等，2006）。人员抢修外出行走遇到风力很大时，要尽量弯腰，随时注意保护好自身安全。

台风过后，及早把受灾茶厂、茶叶仓库四周沟道疏通，抓乘晴好天气将所有门窗打开，使之通风干燥，把堆积在茶机、茶厂地面上的瓦砾、泥土清除干净，并将茶机的注油、转动部位清洁后加注机油，以防锈蚀。修复折断的厂房烟囱、损坏的门窗，重新覆盖好茶厂瓦片。

⑥加强灾后茶园肥培管理，尽快使受灾茶园恢复生机。茶园遭受台风侵袭造成危害后，应及早对茶树采取补救措施。

整枝修剪：对受害较轻的茶园，采用轻修剪，清理蓬面，宁浅勿深，尽量保持原来的采摘面，以利于茶叶生产；而对受害较重的，则用篱剪进行深（重）修剪，重塑树冠。

浅耕施肥：及时进行浅耕施肥，补充养分。一般亩园施尿素20～30千克并配施一些磷、钾肥，这对恢复茶树生机和新梢生育，均有促进作用。

培育树冠：经过修剪后的受害茶园，秋茶应注意留叶采摘、养好茶蓬和做好病虫害的防治工作。

二、雹害

冰雹是指直径5毫米以上的固体降水。一般较硬，不易压碎，着地反跳，雹块系由透明与不透明的冰层（每层至少1毫米厚）相间交替组成。常见的冰雹直径为0.5～3厘米、重0.1～12.7克。雹害在肯尼亚高海拔茶园危害严重，常造成嫩梢叶碎茎破，减产可达30%；在孟加拉国和印度东北部茶区也时有危害。我国南方如福建、广东等丘陵地区茶园，每逢春末夏初（4～5月间），时常遭到冰雹的突然袭击。

1. 冰雹对茶树的危害

雹害程度与雹块的大小、积雹深度、降雹的持续时间、范围有关，降雹所伴随的狂风（尤其是龙卷风）暴雨，使危害更甚。

（1）直接损伤茶树枝叶。降雹直接击落、击伤芽叶，擦破树皮，打断枝梢，造成当季茶叶产量和品质下降。冰雹降落时大量的成熟叶片被击落、击伤，叶层遭到破坏，从而减少了新芽叶萌芽时的能量和碳水化合物的供应，还会造成树势衰弱、隔季茶叶产量品质的下降。

（2）引起低温，抑制茶树生育。降雹后，由于雹粒融化吸收了土壤和大气中的热量，随着数日的连续阴雨，使降雹区及周围地区出现异常低温，使茶树新梢滞育、节间变短，蓬面新芽萌发减少，大量形成驻芽和对夹叶，使当季开采日期明显推迟，全年可采天数减少，最后导致当季和当年的产量下降，品质降低。

（3）影响根系生长。雹粒解冻、冰水入土，土温急剧下降，有时可降至4℃左右，根部特别是吸收根和根尖幼嫩部分受到异常低温的突然刺激而产生冻害使其不能形成或很少形成细胞分裂素，从而打乱了地上部与地下部交替生长的季节性规律。树冠因细胞分裂素浓度不足，芽叶萌发和新梢抽生能力减弱，新梢生长缓慢，造成茶季或轮次交替不明显，芽头少、节间短、叶张薄、树势衰退。这一危害将持续影响1～2个茶季，甚至要到第二年茶树才能恢复旺盛的生机。

（4）病虫危害加重。降雹造成叶梢伤口增多和空气冷湿，利于低温高湿型的茶饼病、茶赤星病等的侵染寄生。降雹后当年这两种病害发生就特别严重，造成茶叶碎沫增多，外形不整，茶汤腥臭苦涩，品质下降。

2. 雹害的防御和补救措施

（1）雹害的防御。鉴于冰雹对农业生产的威胁，应进行人工消雹和防雹工作。消雹的方法有用炮和火箭直接射击雹云等，这种方法对降低雹害有一定效果，但耗资巨大，且作业又受到多方面的限制，当前还不能普遍应用；人工铺设防雹网，方法是采用铅丝网或尼纶网铺设在茶园上空100～120厘米处。同时又起到遮阴的作用，防雹网可设计成屋脊形状，使冰雹在触网后顺坡滑落。

（2）雹害后的补救措施。根据各地茶园冰雹灾害的不同茶树种植区域、茶园类型、茶树树龄和生长势、受损程度及气象条件等具体情况，有针对性地采取措施展开救护，确保茶树成活，减少灾害造成的损失。

①及时清雹松土。灾后部分茶园地上积有一层冰雹颗粒，冰雹融化会导致土壤温度急剧下降。及时对受害茶园进行冰雹清除和浅耕松土，以提高土壤透气性和土壤温度，减轻茶树根系受害。

②采剪养蓬。对于严重雹害，茶树受到严重损伤、枝干破损和折断的，通过修剪将损伤部分剪去，并结合肥培管理等，刺激下轮新梢早发，促进茶树尽快恢复生长。受灾轻的可经过增施肥

料等管理措施增强树体，仍可正常采摘，但要注意少采多留。

③及时追肥、恢复树势。雹粒解冻后即时翻土，并施入有机肥或复合肥，以利土壤透气，提高土温和肥力，增强根系活力，尽快恢复茶树生长势。施用羊粪等有机肥7 500～10 500千克/公顷或复合肥375～450千克/公顷，补充茶树恢复生长所需的养分。

④注意防治病虫害。受灾茶园容易诱发病虫害的发生，为防止病原微生物由叶梢的伤口侵入，必须及时喷施灭菌剂。

主要参考文献

陈勋, 2016. 茶园及苗圃洪涝灾后补救措施. 农家顾问: (8).

段永春, 2011. 日照市茶园冻害成因及防护措施分析. 中国茶叶 (8):22-23.

韩文炎, 蔡雪雄, 童正坤, 2006. 遮阳网覆盖防治茶树春季冻害的效果. 中国茶叶, 28(6):15-16.

韩文炎, 李鑫, 2015. 茶树晚霜冻害综合防治技术. 中国茶叶 (2):16-17.

侯海涛, 2003. 春季茶园应排水防涝. 茶业通报, 25(1): 11.

侯海涛, 2003. 春季茶园应排涝防淤. 蚕桑茶业通讯: (1).

湖北省农业厅果茶办公室, 全国农业技术推广服务中心, 中国农业科学院茶叶研究所, 2016. 应对茶园洪涝灾害八项技术. 中国农技推广 (7):42-43.

黄海涛, 屠幼英, 崔宏春, 等, 2011. 塑料大棚内覆盖对茶园早春低温冻害的防御研究. 中国农学通报, 27(2):201-204.

江昌俊, 李叶云, 韦朝领, 2009. 茶树冻害减灾避灾关键技术与应用. 茶业通报, 31(3):105-108.

蓝允明, 2008. 茶树湿害产生的原因和防治对策. 茶叶科学技术 (2): 45.

李治鑫, 李鑫, 范利超, 等, 2015. 高温胁迫对茶树叶片光合系统的影响. 茶叶科学, 35(5): 415-422.

骆耀平, 2007. 茶树栽培学. 4版. 北京: 中国农业出版社.

田永辉, 梁远发, 令狐昌弟, 等, 2005. 冻害、冰雹对茶树生理生化的影响. 山地农业生物学报, 24(2):135-137.

汪东风, 张云伟, 彭正云, 等, 2016. 高纬度地区茶树防冻关键技术及应用. 中国茶叶(4):26-27.

王沪琴, 敖立万, 2006. 水灾后农业生产补救技术. 武汉: 湖北科学技术出版社.

吴婧, 徐平, 毛祖法, 等, 2014. 茶园晚霜冻害及其防治. 茶叶, 40(4):212-215.

肖强, 韩文炎, 2013. 茶树热旱害症状及分级方法. 中国茶叶, 35(9): 21.

谢继金, 叶以青, 梁亚枢, 2006. 山地茶园台风灾害的避防与补救. 茶叶, 32(4): 222-223.

熊飞, 2016. 山区茶园综合防冻措施. 中国茶叶(7).

许永妙, 王贤波, 黄海涛, 等, 2014. 叶面肥对茶树冻害后恢复生长的影响. 浙江农业科学(7):1009-1010.

杨书运, 江昌俊, 张庆国, 2010. 风障对茶园的减风增温效果及对茶树冠层叶片含水率影响. 农业工程学报, 26(11): 275-282.

杨文俪, 2012. 安溪茶园冰雹灾害灾后救护技术专报. 茶叶科学技术(2):18.

杨亚军, 2004. 中国茶树栽培学. 上海: 上海科学技术出版社.

尤志明, 杨如兴, 张文锦, 等, 2010. 不同农艺措施对茶树冻害后产量恢复的影响初报. 茶叶科学技术(2):1-2.

庄素玲, 鹿明芳, 迟玉川, 2013. 北方茶园搭建拱棚防冻害技术要点. 中国茶叶, 35(12):26.

图书在版编目（CIP）数据

茶园防灾减灾实用技术／颜鹏主编．—北京：中国农业出版社，2017.1（2019.3重印）

（听专家田间讲课）

ISBN 978-7-109-22509-1

Ⅰ. ①茶…　Ⅱ. ①颜…　Ⅲ. ①茶园－农业气象灾害－灾害防治　Ⅳ. ①S42

中国版本图书馆CIP数据核字（2016）第314218号

中国农业出版社出版

（北京市朝阳区麦子店街18号楼）

（邮政编码 100125）

责任编辑　魏兆猛

————————————

中国农业出版社印刷厂印刷　新华书店北京发行所发行

2017年1月第1版　2019年3月北京第3次印刷

————————————

开本：880 mm×1230 mm 1/32　印张：2.375

字数：58千字

定价：15.00元

（凡本版图书出现印刷、装订错误，请向出版社发行部调换）